ature
BEI GRIN MACHT SICH IHR WISSEN BEZAHLT

AF294171

- Wir veröffentlichen Ihre Hausarbeit,
  Bachelor- und Masterarbeit

- Ihr eigenes eBook und Buch -
  weltweit in allen wichtigen Shops

- Verdienen Sie an jedem Verkauf

Jetzt bei www.GRIN.com hochladen
und kostenlos publizieren

Stefanie Breitsameter

Yangtse Chiang. Das Drei-Schluchten-Staudamm Projekt

Eine Aufarbeitung für den Erdkundeunterricht am Gymnasium

GRIN Verlag

Bibliografische Information der Deutschen Nationalbibliothek:

Die Deutsche Bibliothek verzeichnet diese Publikation in der Deutschen National-
bibliografie; detaillierte bibliografische Daten sind im Internet über http://dnb.d-
nb.de/ abrufbar.

Dieses Werk sowie alle darin enthaltenen einzelnen Beiträge und Abbildungen
sind urheberrechtlich geschützt. Jede Verwertung, die nicht ausdrücklich vom
Urheberrechtsschutz zugelassen ist, bedarf der vorherigen Zustimmung des Verla-
ges. Das gilt insbesondere für Vervielfältigungen, Bearbeitungen, Übersetzungen,
Mikroverfilmungen, Auswertungen durch Datenbanken und für die Einspeicherung
und Verarbeitung in elektronische Systeme. Alle Rechte, auch die des auszugsweisen
Nachdrucks, der fotomechanischen Wiedergabe (einschließlich Mikrokopie) sowie
der Auswertung durch Datenbanken oder ähnliche Einrichtungen, vorbehalten.

Impressum:

Copyright © 2011 GRIN Verlag GmbH
Druck und Bindung: Books on Demand GmbH, Norderstedt Germany
ISBN: 978-3-656-33623-5

Dieses Buch bei GRIN:

http://www.grin.com/de/e-book/206010/yangtse-chiang-das-drei-schluchten-stau-
damm-projekt

GRIN - Your knowledge has value

Der GRIN Verlag publiziert seit 1998 wissenschaftliche Arbeiten von Studenten, Hochschullehrern und anderen Akademikern als eBook und gedrucktes Buch. Die Verlagswebsite www.grin.com ist die ideale Plattform zur Veröffentlichung von Hausarbeiten, Abschlussarbeiten, wissenschaftlichen Aufsätzen, Dissertationen und Fachbüchern.

Besuchen Sie uns im Internet:

http://www.grin.com/

http://www.facebook.com/grincom

http://www.twitter.com/grin_com

LMU München
Didaktikseminar

Department für Geographie
SoSe2011

Ost- und Südostasien - Regionalgeographische Themen im Unterricht

Thema:

Yangtse Chiang – Das Drei-Schluchten-Staudamm Projekt

Vortragsdatum: 27. Juni 2011

Referenten: Marco Piergallini, Studiengang: LA

Inhaltsangabe

1. Sachanalyse 3

2. Didaktische Analyse 3

    2.1 Lehrplanbezug 3

    2.2 Didaktische Reduktion 3

    2.3 Lernziele 4

    2.4 Begründete Auswahl der Inhalte 6

3. Geplanter Unterrichtsverlauf 7

4. Methodische Analyse 9

5. Anhang 11

6. Quellenangaben 11

1. Sachanalyse

2. Didaktische Analyse

2.1 Lehrplanbezug

Der Lehrplan des achtstufigen bayerischen Gymnasiums geht davon aus, dass die Schüler der zehnten Jahrgangsstufe bereits ein topographisches und naturräumliches Orientierungswissen von China besitzen und Entwicklungswege- und Probleme von Ländern darstellen können. Deshalb kann hier ein Schwerpunkt auf ökologische Probleme gelegt werden, welche aufgrund einer raschen Entwicklung eines Landes entstehen.

Im Punkt 10.1 wird es der Lehrkraft freigestellt, ein Beispiel für ökologische Problematiken auszuwählen. Im Zuge dessen bietet sich an, das Drei-Schluchten-Staudamm Projekt des Yangtse Chiang Flusses zu besprechen, da es sowohl im Zusammenhang mit der Bevölkerungsentwicklung Chinas steht, als auch verbunden ist mit schwerwiegenden Nachteilen für Mensch und Natur. Diese Thematik schult das Verständnis für das Zusammenspiel der Faktoren Naturraum, Wirtschaft, Politik und Kultur, wobei die Schüler gleichzeitig Entwicklungswege- und Probleme zwischen Schwellenländern vergleichen sollen.

2.2 Didaktische Reduktion

Da der Drei-Schluchten Staudamm das größte Staudamm Projekt der Welt ist und viele Probleme aus diversen Bereichen mit sich zieht, sollen die Schüler sensibilisiert werden für Konfliktbereiche in Ländern mit anderer politischer Strukturierung und anderen Naturgegebenheiten als in Deutschland. Es wird verlangt, einen Zusammenhang zwischen politischen Entscheidungen eines diktatorisch gelenkten Staats und damit auftretende Probleme für die Bevölkerung herzustellen, wobei auch der naturräumliche Aspekt berücksichtigt werden soll. Hier muss deutlich die Problematik von Erdbeben in und um die Region des Yangtse besprochen werden.

Das Thema umfasst eine Unterrichtsstunde, wobei primär die Denkweise der Schüler in größeren Dimensionen geschult werden, das Verständnis von Zusammenhängen ver-

standen und auch auf andere Räume übertragen werden soll. Deshalb liegt der Schwerpunkt in dieser Stunde auf den Problemen, die durch den Bau des Damms entstanden sind und auf die Gefahren, welche dem Staudamm drohen oder in naher Zukunft noch bevorstehen können.

2.3 Lernziele

Grobziel:

Am Beispiel des Staudammprojekts am Yangtse sollen die Schüler Maßnahmen der Probleme aufgrund der wachsenden chinesischen Bevölkerung verstehen und das Riesenprojekt als Machtsymbol Chinas für die Welt erkennen.

Feinziele/Teillernziele:

1. Die Schüler sollen den Naturraum um die Stelle des Staudamms kennen lernen und erfahren, welcher Gefahr die Bevölkerung am Yangtse ohne schützender Staumauer ausgesetzt sind

2. Den Schülern werden Probleme von Hochwässern und der steigende Bedarf an Energie aufgrund des Bevölkerungswachstums in China nahegelegt. Dabei sollen die Schüler nicht vergessen, dass China als Land mit einem sehr ausgeprägten Allmachtsgefühl nach Imageaufwertung strebt und auch aus diesem Grund das Drei-Schluchten-Staudammprojekt in Gang setzte.

3. Die Schüler sollen Vor- und Nachteile des Staudammprojekts diskutieren und Zukunftsprognosen in Hinsicht auf die Standfestigkeit der Staumauer und den steigenden Energie- und Trinkwasserbedarf stellen.

Kognitive Lernziele:

Die Schüler sollen zunächst Fakten über die Lage des Yangtse und das vorherrschende Klima erlangen. Danach wird auf die Hochwassergefährdung für die anliegende Bevölkerung anhand einiger Beispielen von Überschwemmungen des Yangtse eingegangen. Anschließend sollen die Schüler den Bau des Damms als Maßnahme gegen zukünftige Zerstörung aufgrund von Hochwasser verstehen und des Weiteren als Grund für Energiegewinnung bzw. Prestigeaufwertung erkennen. Als letztes kognitives

Lernziel sollen die Schüler fundierte Zukunftsprognosen aufgrund des gewonnenen Wissens erstellen und einen kritischen Blick für politische Maßnahmenergreifung einer Naturgefahr erlernen.

Soziale Lernziele:

Zunächst sollen die Schüler auf einer „stummen Karte" mit Hilfe des Atlas Zuflüsse des Jangste und Städte im Einzugsbereich markieren. Dabei bietet sich Einzelarbeit an.wird in Partnerarbeit die erste Aufgabe des Arbeitsblatts gelöst, entweder mit dem Banknachbarn oder mit einem vom Lehrer ausgewählten Partner.

Anschließend wird in Partnerarbeit die zweite Aufgabe des Arbeitsblatts gelöst, entweder mit dem Banknachbarn oder mit einem vom Lehrer ausgewählten Partner.

Bei der Schlussdiskussion über Vor- und Nachteile des Staudammprojekts wird die Klasse in zwei große Gruppen aufgeteilt. Eine Hälfte spielt die Rolle eines chinesischen Regierungsvertreters, welcher sich für das Projekt ausspricht, die andere Hälfte versetzt sich in die Situation eines kritischen Wissenschaftlers, der die Gegenposition einnimmt und mit möglichen Problemen kontert. Als kurze Vorarbeit dürfen sich beide Gruppen kurz über wichtige Argumente absprechen und bestimmen einen Moderator, der neutral die Diskussionsrunde leiten soll.

Instrumentale Lernziele:

Bereits der Einstieg verlangt nach einer analytischen Denkweise, da Bilder, Schlagwörter und Daten in Zusammenhang gebracht werden sollen und so auf die anstehende Thematik lenken soll.

Beim Film soll aufmerksam zugehört werden, ggf. Randnotizen gemacht werden, um im Anschluss die dazugehörigen Fragen präzise und genau zu beantworten.

In der Schlussphase werden die gewonnenen Eindrücke und Daten ausgewertet und als Hefteintrag festgehalten, um eine Zukunftsprognose für das Staudammprojekt zu entwickeln, welche ebenfalls als Fazit niedergeschrieben wird.

2.4 Begründete Auswahl der Inhalte

Exemplarische Bedeutung:

Das Flussbecken des Jangtse stellt einen Lebensraum für rund 400 Millionen Menschen dar. Es ist damit eines der am dichtesten bevölkerten Gebiete unseres Planeten und auch eine Region, welche am meisten von Überschwemmungen betroffen ist. Da die Niederschläge starken jahreszeitlichen Schwankungen unterliegen, kommt es bei Überflutung des Umlandes zu mehreren tausend Toten und Verletzten. Viele Menschen verlieren ihre Lebensgrundlage und damit auch ihren Produktionsanteil für die Ernährung der chinesischen Bevölkerung. Durch die Errichtung von Dämmen, Schleusen und Deichen können solche extremen Überschwemmungen gemindert werden und die Wasserkraft wird zusätzlich zur Stromversorgung für die Bevölkerung und zur Bewässerung der Reisfelder genutzt. Solche Staudammprojekte finden sich auch an anderen Orten auf der Welt, wie z.B. der Assuan-Staudamm in Ägypten oder den Hoover-Dam in den USA.

Allerdings bieten Dämme und Deiche keinen hundertprozentigen Hochwasserschutz. Selbst das größte Staudammprojekt der Welt schützt seine Bevölkerung und Natur nicht vor extremen Hochwassersituationen.

Gegenwartsbedeutung:

Das sich verändernde Klima führt auch in unseren Teilen Deutschlands und Europa immer häufiger zu Starkniederschlägen und Überschwemmungen. Die Gefahr, selbst davon betroffen zu werden, steigt für den heranwachsenden Schüler und wird ihn in seinem weiteren Leben stets begleiten. Die Technik, die z.B. in China bei den Staudämmen verwendet wird, kann also auch in unseren Regionen angewendet werden, um vor Überschwemmungen zu schützen.

Des Weiteren bürgt die deutsche Bundesregierungfür für den Milliardenauftrag des Elektrokonzerns Siemens. Dieser lieferte Generatoren und Transformatoren, welche allerdings im Ausland gebaut wurden – vor allem in China – und somit dem deutschen Arbeitsmarkt keinen Vorteil verschaffte. Die Bürgschaft für das Projekt finanziert letztendlich der deutsche Steuerzahler, wozu natürlich auch die Schüler zählen.

Zukunftsbedeutung:

Im Zuge des Atomausstiegs werden aktuelle politische Diskussionen in den Unterricht eingebaut, wodurch ein zusammenhängender Denkprozess beim Schüler hervorgerufen wird. Dies soll dazu führen, dass der Schüler für die Zukunft lernt, wie natürliche Ressourcen für die Energiegewinnung genutzt werden können und dabei gleichzeitig Mensch und Natur vor Hochwassergefahr geschützt werden.

3. Geplanter Unterrichtsverlauf

ZEIT	PHASE	SOZIAL-FORM	INHALT	MEDIEN	ERGEBNISSE
1 min	Begrüßung				
4 min	Einstieg (Hinweise auf das Thema)	UG	Es werden Daten, Fotos und Graphiken an die Wand projiziert. Die Schüler müssen raten, um was es sich in der Stunde handeln könnte und ihre Vermutung kurz begründen.	Powerpoint oder Overhead	Bildbeschreibung, Auswerten von Daten und Abbildungen
5 min	Erarbeitungsphase I	UG	Die Schüler sollen zur Orientierung mit Hilfe der Atlaskarte die Lage, Umgebung und den Verlauf des Yangtse auf dem AB kurz beschriften.	Atlanten	Lage des Flusses erkennen und physisches Wissen anwenden: Eisschmelze, hohes Gefälle va. am Oberlauf, Gebirgsklima vs. maritimes Klima
12 min	Erarbeitungsphase II	PA	Es wird ein Film über das Drei-Schluchten-Staudammprojekt	Film	Umsiedelung vieler Menschen,

			gezeigt. Die Schüler erhalten ein AB mit Fragen zum Film, welche mit einem Partner bearbeitet werden müssen.	Arbeitsblatt	Vorteile des Damms: Energiegewinnung, Trinkwasserversorgung, Bewässerung, Hochwasserschutz Nachteile: Umsiedelung vieler Menschen, keine ausgeschöpfte Nutzung, hohe Kosten, Zerstörung der Natur Gefahren: Hohes Risiko für Dammbruch, Verstopfung der Schleusen
8 min	Sicherungsphase	UG	Besprechen der Fragen auf AB, Beantworten weiterer Fragen von Schülerseite, Überleitung zur Diskussion	AB	Analyse der im Film gezeigten Fakten, Anregung für eigene Position der Schüler
10 min	Schlussphase	SV	Klassendiskussion in Form eines Rollenspiels über die Vor- und Nachteile des Damms. Eine Hälfte vertritt einen Politiker, der das Projekt befürwortet, die andere Hälfte stellt einen kritischen Wissenschaftler dar. Es darf immer nur einer aus der Gruppe sprechen, wobei		Heraushebung der wichtigen Punkte für die Pro- und Kontraseite, Anregung zum kreativen/weiterführenden Denken

			untereinander abgewechselt werden soll.		
5 min	Sicherung	UG	Tabellarischer Hefteintrag: Vor- und Nachteile des Staudammprojekts, Zukunftsprognosen	Powerpoint oder Tafel	

4. Methodische Analyse

In der Einstiegsphase wird vom Schüler kreatives Denken verlangt. Es wird auf außerschulisch erlangtes Allgemeinwissen zurückgegriffen, wovon in der zehnten Jahrgangsstufe durchaus ausgegangen werden kann. Die Schüler beginnen langsam, aktuelles Tagesgeschehen in den Medien mitzuverfolgen, welches dann in den Schulstoff eingebracht werden kann. Allerdings darf dies nicht als Basisgrundlage der Einstiegsphase gesehen werden, vielmehr sollen die Schüler durch Auswertung von Graphiken kombiniert mit Fotos und Abbildungen auf das Thema Staudämme in China gelangen.

Es folgt eine kurze Orientierung mit Hilfe einer Atlaskarte, wodurch gleichzeitig das physische Wissen über den Großraum China aus den vorherigen Stunden eingebracht werden soll. Die Schüler sollen herausfinden, wie viele Städte im Einzugsgebiet des Jangtse sind, wie der Fluss verläuft und welche Besonderheiten z.B. am Oberlauf –was die Stelle des Staudamms betrifft– festzustellen sind.

Um nun handfeste Fakten zu bekommen, wird ein Arbeitsblatt mit Fragen ausgeteilt. Die Fragen beziehen sich auf den kurzen Filmausschnitt über den Drei-Schluchten-Staudamm am Jangtse Chiang, welche in Partnerarbeit mit Hilfe des Films beantwortet werden sollen. Dabei ist es dem Lehrer freigestellt, nach welchem Auswahlverfahren die Partner gewählt werden. Entweder arbeiten die Banknachbarn zusammen oder der Zufall entscheidet. Die Lösung wird im Anschluss gemeinsam mit der Klasse besprochen, wobei zusätzliche Fragen und Aspekte der Schüler berücksichtigt werden müssen. Es liegt nahe, dass bei der Bearbeitung der Fragen unterschiedliche Meinungen in der Klasse entstehen. Dies bietet eine passende Überleitung zur Schlussphase, in der ein Rollenspiel stattfinden soll.

Die Klasse wird in zwei Hälften geteilt, wobei eine Hälfte die positive Seite des Damms verteidigt und die andere Hälfte gegen den Damm argumentiert. Zuvor dürfen sich beide Gruppen kurz über wichtige Argumente besprechen, die sie der Gegenseite präsentieren wird. Hier ist Teamgeist und freie Rede gefragt, wodurch die Fähigkeiten des einzelnen Schülers gefördert werden.

Zum Schluss werden die gesammelten Vor- und Nachteile als Hefteintrag festgehalten und ein Fazit für die Zukunft des Staudamms verfasst.

5. Anhang

1. Einstieg

2. Arbeitsblatt

3. Tafelbild

6. Quellenangaben

Literaturquellen

Baumann, M.,E. (2008): Diercke Spezial. Russland und China. Westermann. Braunschweig.

National Geographic (2006): Zerbrechliche Erde. Wie Natur und Mensch die Welt verändern. HarperCollinsPublishers Ltd. Singapur.

Staiger, Friedrich, Schütte (2006): China. Lexikon zu Geographie und Wirtschaft. Wissenschaftliche Buchgesellschaft. Darmstadt.

Zinzius, B. (1999): Das kleine China-Lexikon. Wissenschaftliche Buchgesellschaft. Primius Verlag. Darmstadt.

Internetquellen

Diercke Weltatlas: www.diercke.de/kartenansicht.xtp?artId=978-3-14-100700-8&seite=173&id=5143&kartennr=6 (15.6.2011)

ISB Lehrplan G8: www.isb-gym8-lehrplan.de/contentserv/3.1.neu/g8.de/index.php?StoryID=26481 (7.7.2011)

Planet Wissen (Stand: 20.9.2010). China- Countdown am Yangtse: www.planet-wissen.de/natur_technik/fluesse_und_seen/staudaemme/video_stauseen_yangtse.jsp (7.7.2011)

1. Einstieg

- **6380 km Länge**
- **Osttibet Ursprung**
- **Wu – Gebirge**
- **Mündung: Ostchinesisches Meer**
- **Umsiedelung 1,3 Mio Menschen**

(Quelle: upload.wikimedia.org/wikipedia/commons/thumb/7/7c/Dreischluchtendamm_hauptwall_2006.jpg/220px-Dreischluchtendamm_hauptwall_2006.jpg stand 17.06.2011)

(Quelle: www.nzz.ch/images/drei-schluchten-damm_stausee_china_jichang_fullSize_1.6951709.1280317458.jpg stand 17.06.2011)

2. Arbeitsblatt

Name:	Datum:

Das Drei-Schluchten-Staudammprojekt am Jangtse Chiang

1. Trage mit Hilfe des Altlas (S.173) die Städte, Mündung und Ursprung in die Karte auf der Rückseite ein!

2. Verfolge den Filmausschnitt aufmerksam. Beantworte zusammen mit deinem Banknachbarn die Fragen korrekt!

1.Wie viele Menschen wurden wegen dem Staudamm heimatlos?

2. Wie hoch ist die Staumauer?

3. Gibt es noch größere Staudämme?

4. Mit was lässt sich die Stromproduktion des Staudamms vergleichen?

5. Welche Probleme gibt es mit den Schleusen?

6. Bis zu wie viel Müll fischen Müllfischer pro Tag aus dem Stausee?

7. Was sind die Hauptauslöser für die Menge an Sand und Geröll?

8. Welches ist die schlimmste Naturkatastrophe, die den Damm treffen kann?

1. Wie viele Menschen wurden wegen dem Staudamm heimatlos?
6 mio

2. Wie hoch ist die Staumauer? **185m (höher wie Kölner Dom)**

3. Gibt es noch größere Staudämme? **größter Staudamm der Welt**

4. Mit was lässt sich die Stromproduktion des Staudamms vergleichen? **15 Atomkraftwerke**

5. Welche Probleme gibt es mit den Schleusen? **Konflikt: Regierung-Bewohner-Dammbauer (leere Versprechungen, 5 Schleusen hintereinander, könnten Ozeanrisen passieren lassen, stattdessen sind sie meist leer, Betrieb der Schleusen dauert doppelt solang, Boom ist ausgeblieben, Umweltprobleme,**

6. Bis zu wie viel Müll fischen Müllfischer pro Tag aus dem Stausee? **3 t /T**

7. Was sind die Hauptauslöser für die Menge an Sand und Geröll? **keine Kläranlagen, Zuflüsse, Erosion(Sande), Erdrutsche**

8. Welches ist die schlimmste Naturkatastrophe, die den Damm treffen kann? **Erdbebengefährdete Zonen (Sichuan in der Nähe)**

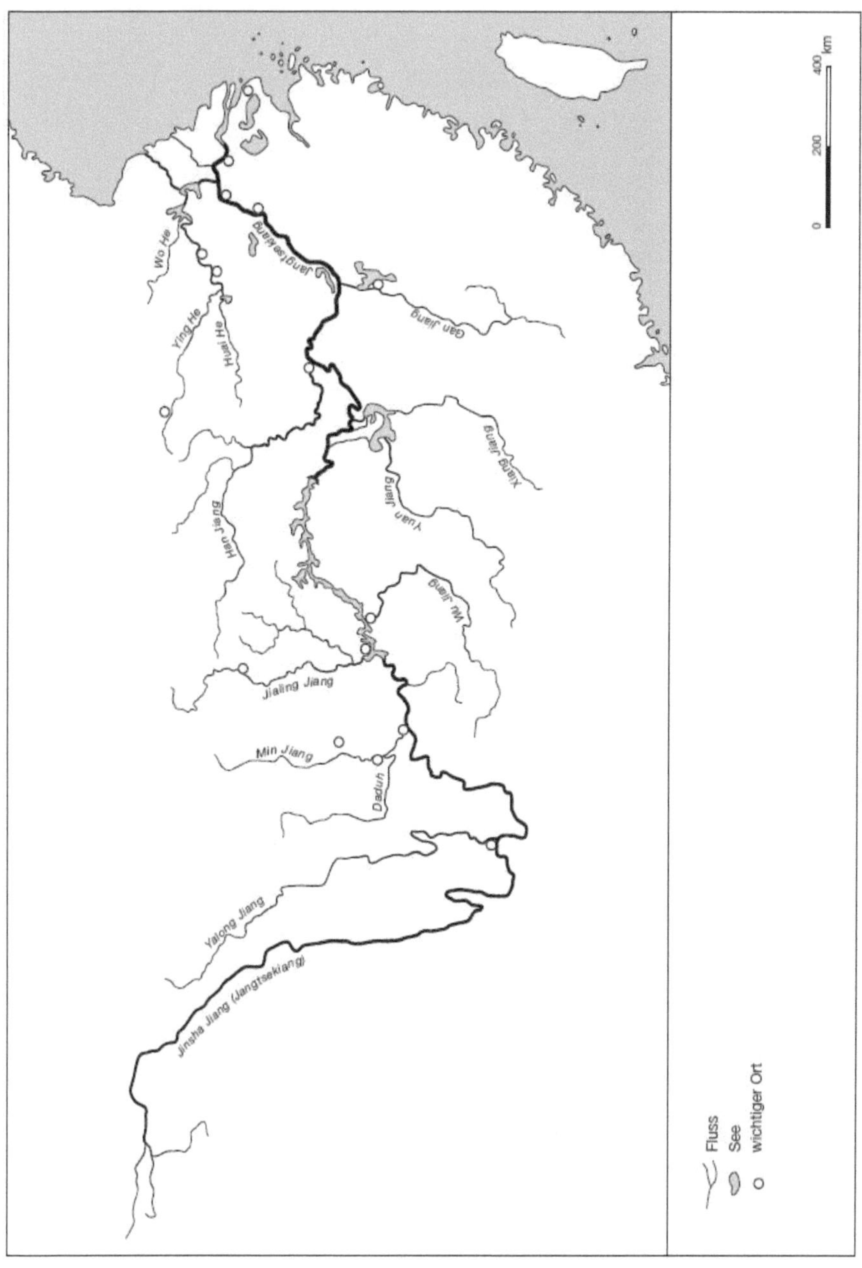
Wo He
Ying He
Huai He
Jangtsejiang
Gan Jiang
Xiang Jiang
Yuan Jiang
Han Jiang
Wu Jiang
Jialing Jiang
Min Jiang
Daduh
Yalong Jiang
Jinsha Jiang (Jangtsekiang)
Fluss
See
wichtiger Ort
km
400
200
0

3. Tafelbild

Vor-und Nachteile des Drei-Schluchten-Staudamms

Vorteile	Nachteile
+ Hochwasserschutz + Energiegewinnung + Bewässerung der Felder + Presigeträchtiges Bauwerk + Klasseneinwürfe	- Umsiedelung von sehr vielen Menschen - kein verlässlicher Hochwasserschutz - Gefahr der Zerstörung durch Erdbeben - Instabilität des Damms - sehr kostenaufwendig - Klasseneinwürfe

⇨ **Fazit:**

Trotz der Gefahren, die vom Staudamm ausgehen, ist das Projekt von besonderer Wichtigkeit, weil dadurch ein verbesserter Hochwasserschutz gewährleistet werden kann und der steigende Energiebedarf durch erneuerbare Energien gedeckt werden kann.